JCA

就村からなりわい就農へ

田園回帰時代の新規就農アプローチ

図司 直也◇著
筒井 一伸◇監修

Ⅰ　はじめに――田園回帰の中で多様化する農村に向かう理由

1　農村への移住に関する2つのデータ

本書を始めるにあたって、農村への移住に関する2つのデータをお示ししたいと思います。1つは、地方移住を希望する都市住民と全国の地方自治体のマッチングを行っている認定ＮＰＯ法人ふるさと回帰支援センターにおける移住相談件数の推移です。２００８年には２４７５件でしたが、２０１４年には1万件を突破し、さらに２０１５年には2万件を超え、２０１７年には3万３１６５件と、とりわけ２０１５年以降に著しい伸びを見せています。

もう1つのデータは、全国農業会議所が開設している全国新規就農相談センターの相談件数の推移です。開設初年度にあたる１９８７年には９９４件でしたが、バブル経済が崩壊した１９９６年度には５４００件に急増し、２００１年度には1万件を突破。リーマンショック後の２００９年度に2万6千件を数えたのがピークとなり、現在は概ね1万台後半で推移しているといいます(1)。

この2つのデータを比べてみると、２０１０年代に入り対称的な推移を示していることが分かります。新規就農の相談者はやや減少し、現在は横ばいであるのに対し、地方移住の相談者が年々大きな伸びを示しています。

実際に新規就農者の動向としても、２０１７年の新規就農者全体では5万５６７０人で、前年比では7％減と伸び悩んでいます。この中で、49歳以下に注目すると、2万760人と4割弱を占め、4年連続で2万人を超えながら、横ばいの状況が続いています。そのうち、新たに経営を始めた新規参入者は2710人で、この年齢区分で調査を開始した2007年調査開始以来、最も多い数字となっています。一方で、実家の農業を継いだ新規自営農業就農者は、1万90人で12％減少し、後継者の数は減っています。農業法人などに就職する新規雇用就農者も、49歳以下では7960人とややブレーキがかかってきています。このように、若手の新規就農者の中では、新たに農地や資金を確保し経営を立ち上げる独立就農が、かろうじて増加しています。

他方で、都市部から過疎地域などの条件不利地域に移住して地域協力活動に携わる「地域おこし協力隊」は、2009年度の制度当初は89人でスタートしながら、2014年度には1000人を超え、2017年度には5千人近くにまで達し、全国各地に展開しています。このうち、20～30歳代が4分の3を占めており、若者たちの農山村回帰のすそ野の広がりを体現しています。

2　都会から地方に向かう動きの変化とその背景

それでは、冒頭に示したように、新規就農と地方移住の2つのデータが対称的な動きを示すようになった2010年代の前後にはどのような時代背景の変化があったのでしょうか。ふるさと回帰支援センターの副事務

（注1）全国農業新聞2018年1月19日付「主張」。

局長である嵩和雄さんは、次のような分析をされています(2)。

バブル経済が崩壊した1990年代は、価値観が経済的な豊かさから精神的な豊かさへと転換し始め、環境問題への関心の高まり、またスローライフや田舎で第二の人生を求めて、中高年が移住する動きが中心でした。1998年には、農文協の増刊現代農業も『定年帰農』を取り上げています。

その動向は、団塊世代が大量に定年退職を迎える、いわゆる「2007年問題」への対応として、ふるさと回帰支援センターの開設(2002年)へとつながっていきます。しかし、実際には、高齢者雇用安定法改正によって雇用継続が図られることになり、団塊世代の地方回帰は大きなうねりには至りませんでした。

一方で、農文協の増刊現代農業が2002年には『青年帰農』、そして、2005年には『若者はなぜ農山村に向かうのか』と題して発刊し、そこには、農ある暮らしを志向したり、農山村という地域に溶け込む、団塊ジュニア世代より下の若者たちの姿がありました。

実際に、2004年に発生した中越地震では、中山間地域の地滑り地帯で集落ごと避難を強いられるなど甚大な被害が生じましたが、そこにはボランティアとして多くの若者が入り込み、彼らの動きに注目した新潟県は、被災地への人的支援策として地域復興支援員制度を立ち上げます。さらに、2008年のリーマンショックは若者の雇用環境や働き方にも大きな影響を及ぼす中で、翌年には地域おこし協力隊制度を国がスタートさせます。

こうして、フロンティアとしての農山村が次第に注目されるようになり、若者の農山村回帰の下地が作られました。

そして２０１１年の東日本大震災を契機に、安全・安心な暮らしを求めるファミリー層を中心とした「疎開的移住」へと移住者の流れが変わります。そして今日では、団塊世代が定年延長後に大量退職を迎え、世代を超えて広くライフスタイルを変えたい人びとが農村に向かう動きが「田園回帰」として捉えられています。

このような時代背景の変化を受けて、筆者も２０１４年3月に『地域サポート人材による農山村再生』を発刊しました。多感な若者たちが地域おこし協力隊として「移住」し、どのような活動を現場で展開し、その後にどの程度の「定住」につながるのか、その内実をプロセスとともに丁寧に追う必要性をこの本で提起しました。

3　若者たちが農村に向かう理由

このように見てくると、農村に赴く人たちの中に、就農とは異なる動機が生まれている様子がうかがえます。それでは、若者たちはどのような理由から農村に向かっているのでしょうか。また、その中で「農業」はどのような位置にあるのでしょうか。

内閣府が２０１４年6月に行った「農山漁村に関する世論調査」の中に、「農山漁村地域に定住して過ごしたいこと」(複数回答可)という設問があります。その回答は「地域の人たちとの交流・ふれあい」が53・0％で1位、また「地域貢献活動」が37・0％で3位と、地域住民と進んで関わりを持つ志向が見られます。そして、農林漁

（2）嵩和雄『イナカをツクル：わくわくを見つけるヒント』コモンズ、２０１８年。

業に関する回答も、「趣味として」が34・8％、「主な所得源として」が29・8％と、仕事としてだけでなく、趣味や暮らしの中にも取り込んでいく姿勢が感じられます。

ふるさと回帰支援センターが実施している来場者へのアンケート調査でも、希望する就労形態について、調査を開始した2010年当初は「農業」が1位だったものの、今日では「企業等への就労」が6割を超えて1位となり、農業は2割前後で推移しています。

それでは、地域おこし協力隊はどのような志向を持っているでしょうか(3)。

まず、「地域おこし協力隊」に応募した理由（複数回答可）としては、割合の高い方から、「自分の能力や経験を活かせると思ったから」(56％)、「地域の活性化の役に立ちたかったから」(48％)、「活動内容が面白そうだったから」(47％)、「一度、地域（田舎）に住んでみたかったから」(38％)、「現在の任地での定住を考えており、活動を通じて、定住のための準備ができると思ったから」(31％)となっています。他方で、「農林水産業に従事したかったから」は12％とそれほど大きな割合ではありません。

次に、協力隊としての活動状況について、第1次産業に関わりのある隊員は全体の18％、また、この部分に最も多くの時間を割いている隊員は11％となっています。アンケート分析の報告書では、第1次産業に専業・主業として取り組む隊員の多さを指摘していますが、見方を変えれば、全体の8割の隊員は第1次産業には接点をもっておらず、むしろ隊員は農山漁村のなりわいに接する機会はそれほど得られていないともいえます。

最後に、隊員自身が定住する場合の仕事や職業の選択については、農林水産業以外を軸に起業を考えている人が50％と半分を占め、農林水産業を中心とした起業が10％、そして新規就農を含む農林水産業のみでの起業は８％となっています。この結果から、協力隊を経て第１次産業の専業で独立する人は８％とその割合は小さいのですが、逆に、最初の２つの起業の形にも、第１次産業にも関連した仕事をおこす可能性があり、その組み合わせも、「宿泊業」「飲食料品を中心とした生産・加工・販売」「飲食業」「まちづくり等のコンサルタント・プロデューサー・コーディネーター」など多岐にわたっていることが別の設問から読み取れます。

このような調査やアンケートの結果から、農山漁村に赴く選択が、自分の能力や経験を活かす自己実現のために、そして、「地域活性化の役に立ちたい」「一度田舎に住んでみたい」や「定住の準備をしたい」という声からも、都市部とは違った場所に接点をつくるためであることが分かります。実際に、その人数が増えている地域おこし協力隊には、地域に居住して「地域協力活動」に携わる3年間を活かして、「まず行ってみてその後を考えよう」と活動地域で求められることをまず受け止め、自分なりの役割や仕事を見出せたら定住につなげてみようというプロセスが垣間見えます。そこから、仕事から必ずしも入らない移住者像、また、仕事といっても、第１次産業の専業とは限らず、それを含んだ多業・複業を志向する移住者像も浮かび上がってきます。

（注３）一般社団法人　移住・交流推進機構・株式会社　価値総合研究所「平成29年度　地域おこし協力隊に関する調査調査研究報告書」（１８１１名回答）。

4　田園回帰の風を新規就農ルートは受け止められているか

今日、農山村回帰を志向する若者たちは、農業をやりたいから農村に行くとは限らず、農業への関わり方、また農村での仕事の持ち方も様々であり、また仕事を選び出すプロセスにも変化が見受けられます。それとともに、農村に暮らす人たちや地域社会に交わろうとする意識の高さも特徴的です。

筆者も各地の協力隊に関する研修会にお伺いしていますが、先日、高知県で出会った隊員の女性は、高知県に移住したいと移住・定住フェアに出向いて、ある町の協力隊を勧められ、活動のひとつにショウガの生産があったので、農業の世界に飛び込むことにした、と話してくれました。彼女もまもなく3年の任期を終えようとしていますが、地元の先輩農家さんの中で技術を学び、周囲の協力を得て耕作放棄地を農地に戻すなど、就農に向けて着々と準備を進めています。このような姿を見ると、地域おこし協力隊制度という新しい地域サポート人材の仕組みが、若者たちに内在する、段階を踏んだ地方移住のニーズをあぶり出しているようにも感じます。

このような若者たちの志向に対して、既存の新規就農ルートは向き合えているのでしょうか。農業を仕事にしたい人向けの完全攻略マニュアルとして全国新規就農相談センターのWｅｂサイトでも公開されている『就農案内読本２０１７』を見ると、入口として、「まずは農業体験したい」「農業法人に就職したい」「独立して農業を始めたい」というように、当たり前ながら「農業」ありきの選択肢が示されています。また、就農までの道筋も、「情報や基礎知識を収集」→「体験・現場見学・短期研修」へ、という流れが示されています。つまり、このマニュアルは「農業に携わりたい」人たち向けに着実に対応していますが、まず「農村に移住してみよう」と考えている人は手に取らないかもしれません。

新規就農を扱った研究には、これまで数多くの蓄積があります。和泉真理さんは、産地で取り組む新規就農支援として、地域農業や産地の維持・発展のためには、Iターン就農者を継続的に受け入れ、育成、定着に結びつける仕組みが必要だと提起しています(4)。また、江川章さんは、新規参入者を参入前から、参入時、そして参入後へと段階に応じたプロセスで捉える視点や、農業への参入だけでなく、地域への参入も図る2つの側面を有する視点、また、直線的に新規参入を図るルート以外にも、ワーキングホリデーや滞在型市民農園を通じた参入など、多様な参入ルートを提示しています(5)。

このように先行研究では、農業を専業で担う主体の育成に主眼が置かれる傾向にあり、江川さんもそのルートの多様性には着目していますが、まずは「農村」に赴き、そこから「農業」に出会っていくような、就農より手前のステップで田園回帰を志向する人たちへのまなざしはまだまだ弱いように感じます。

そこで本書では、新規就農ルートとして、まずは農村に入って、そこで農業の現場に触れながら就農に至っていくケースや、自分のやりたい農業を形にするために、生産条件が不利とされる中山間地域での就農を志すケー

（注4）和泉真理『産地で取り組む新規就農支援』筑波書房、2018年。
（注5）江川章「幅広い新規就農の形を実現する多様で柔軟な支援を」『季刊地域』編集部編『新規就農・就林への道　担い手が育つノウハウと支援』農文協、2017年。

スに注目してみたいと思います。そのような若者たちの姿を通して、田園回帰時代の新規就農アプローチとして、農村に定住し、就農に至るプロセスを明らかにし、農村側は彼らの存在を新たな担い手としてどのように受け止めていくべきかを考えてみます。

Ⅱ 「就農定住」を掲げたかみなか農楽舎の18年

1 農を革新する20、30代が集うかみなか農楽舎

昨年（2018年）4月4日付の日本農業新聞の1面と最終面に、「「農」革新する20、30代」と題して、福井県若狭町で新規就農する若者たちの動きが取り上げられました。その記事は、次のようなフレーズで始まっています。

「農を志す若者が続々と集まる町がある。福井県南西部に位置する若狭町だ。ここ十数年で新規就農した20、30代の25人が、いまや町全体の農地の1割をカバーするまでになった。…（中略）…高齢化で耕作放棄地化が進みかねない地域農業を「若い力」が大きく変え始めた。」

日本農業新聞は、創刊90周年を記念して2018年度の1年間、「若者力」キャンペーンとして次世代の担い手である若者の行動と意識を追いながら、農業・農村の未来を描き出す意欲的な企画を打ち出しました。そのスタートに、福井県若狭町にある「かみなか農楽舎」（以下、農楽舎と表記）で2年間の研修を経た若者たちが定着する様子を取り上げています。そこで本書でも、若者たちの田園回帰の萌芽期に設立され今に至る農楽舎の18年の歩みと、そこに集った若者たちの姿を追ってみましょう。

農楽舎のＷｅｂサイトを見ると、「若狭で就農・定住」という見出しが掲げられています(1)。その本文は、「若狭町の農村集落は、…」と集落の現状が都市との対比の中で描かれ、「集落活性化とそのための若者の就農定住を目標に推進し、若狭町の発展・進化につなげていく。農業を志す若者に対し、自立への研修を行い、将来、若狭町への就農定住を支援します」と結ばれています。そこで農楽舎では、都市の若者が〝農業・農村再生の担い手〟となることを期待し、2年間の就農定住研修事業が行われます。ここで注目すべきは「農業の担い手となる就農」とともに、「農村地域の担い手なる定住」が掲げられている点ではないでしょうか。ここまで明確に「農村再生」を掲げた就農研修施設は稀ではないかと考えます。

そもそも、農楽舎はどのような背景から設立された研修施設なのでしょうか。若狭町が発足する前、旧上中町時代の１９９５年に、第3次上中町総合開発計画が策定され、農業振興と観光機能を併せ持った農村総合公園の整備が提起されます。しかし、観光農園として事業の継続性に疑問が投げかけられ、農業や地域の人材育成が求められていたことから、当時接点のあった（株）類設計室から、農業をやりたい都会の若者を研修で受け入れる就農定住を提案されます。それを受けて、当時の上中町、地元の末野集落の農業者、そして類設計室グループの共同出資により、２００１年に農業生産法人有限会社かみなか農楽舎が設立されました。

農楽舎が立地した末野集落は、町内でも中山間地域に位置するおよそ30戸の農村です。稲作を軸とする兼業農家が中心で、集落行事も盛んです。昭和40年代には圃場整備を導入しますが、収益の上がる作物はなかなか定着せず、次第にイノシシなどの獣害が広がると、山裾にある不整形の水田は耕作放棄されるなど農地管理が課題となってきました。ちょうど、中山間地域等直接支払制度が導入された時で、獣害対策の鉄柵整備などを集落ぐるみで取り組むようになり、そこに農村公園の話が持ち込まれ、集落としても研修生を受け入れようと決まったそうです。

このような背景から、農楽舎では、若狭町、地元集落、認定農業者等が関わって就農定住研修プログラムが進められます。研修生は、家賃・水光熱費無料の研修棟に共に暮らしながら自炊生活で協働意識を育み、栽培技術から自主販売、体験事業、加工にまで及ぶ多角的な農業研修に加え、末野集落の総出や行事、地域活動にも参加し、地元に溶け込みむら社会を体感する2年間を送ります。また、研修生には研修手当として現在では2つの選択肢が用意されています。1つは、農楽舎から研修奨励金として1年目に月5万円、2年目に月7万円を受け取り、町内での就農時に就農支度金として42万円を給付されるケースです。この場合は、返還義務がなく研修後の進路にも制約を受けません。もう1つは、国の農業次世代人材投資事業（準備金）として年に150万円を2年間受け取るケースで、こちらは研修終了後に就農の義務を伴います。研修生の選び方は概ね半々ということで、その点でも、研修生の就農への向き合い方は人それぞれです。

これまで農楽舎で研修を終えた卒業生は45人（2018年4月現在）を数え、そのうち地元出身者2人を含む26人、6割近くの卒業生が就農などで若狭町内に定住しています。さらに、その家族まで含めると、23家族、69

（注1）かみなか農楽舎ホームページ　https://nouson-kaminaka.com/nou（2019年2月26日最終確認）。

人に上ります。就農のスタイルとしては、独立自営をはじめ、地元の認定農業者とともに法人を設立して、その後に経営を移譲されるケースも複数出てきています。近年では、卒業生が農楽舎の社員に加わるなど農業法人に入る傾向が目立ちます。こうして卒業生が就農して集積する面積が192ヘクタール、また、かみなか農楽舎が担っている面積も45・5ヘクタールあり、これらを合わせると、町内の主要な担い手（認定農業法人・認定農業者・集落営農組織）がカバーする面積の14％を占めるまでになっています。

2　かみなか農楽舎に集った若者たちの就農プロセス

それでは、農楽舎で若者たちはどのように育ち、就農定住に至っているのでしょうか。農楽舎に来た経緯や、研修後の展開に注目しながら卒業生5名の様子を見てみましょう。

（1）農楽舎に来て、有機農業での米づくりを決めたAさん（大阪府出身・41歳）

研修1期生として2003年度に卒業したAさんは、現在は、町内の水田集落に定住し認定農業者となっています。12・6ヘクタールの農地を担い、有機での水稲栽培を中心に、餅やポン菓子などの加工販売や、農楽舎研修生OBの奥さんと一緒に農家民泊も行います。

農業をやりたいと思うようになったのは、研修生2年目の冬くらいだったといいます。それまでは、高校の頃から人混みが苦手で田舎暮らしをしたかったということで、大学を出てからも、環境教育関連のボランティアをしたり、高原野菜の生産やスキー場での住み込みバイトをしていた時に、農楽舎を設立するので農業体験の企画ができる人を探していると聞き、やってきたそうです。研修中は、米や麦を作るのに精一杯で野菜までは手がまわらなかったものの、2年目に入って、自分の米にこだわってお客さんからも感謝された経験から、有機農業での米づくりを決めます。

農楽舎を卒業して2年ほどは、慣行農法で米を生産する親方農家のもとで、機械の使い方や作業効率の上げ方などを学びます。しかし、当時はAさんも資金を貯めるためにアルバイトもせざるを得ない状況で、親方の農家も初めての研修生受け入れで過度な期待があったりと、双方の関係構築には苦労もあったようです。

やがてAさんは、別の集落で農地を集めてもらえることにもなり、独立自営で就農へと踏み出します。有機農業での米づくりは、田んぼで生き物を養い、環境にやさしく、また、安全安心な食べ物を大事にしたいという思いによるものでした。生産技術は独学で試行錯誤し、無農薬や減農薬・無化学肥料の米を作り、大阪や名古屋に出向いてマルシェで試食販売を重ねながら、主に通販でお客さんに届けています。

現在、2集落にまたがって米づくりを進める中で、Aさんに農地を預けたいという声がさらに寄せられていますが、労力的にこれ以上は引き受けられない状況といいます。それでも、Aさんとしては、末野集落での研修から、水を確保することがどれほど大変かを痛感し、自分の田でも代かきをして水持ちをよくしたり、水が足りなくなる夏場などの水管理をしっかりしたり、総出にも参加するなど地域との関わりも大事にしています。

（2）地域の中で自分の経営スタイルを模索するBさん（埼玉県出身・40歳）

Aさんと同じく、研修1期生として農楽舎を卒業したBさんは、Aさんとは別の集落に定住し、7・5ヘクタールの農地で、水稲と野菜や果樹の施設園芸を組み合わせています。

幼いころから都市郊外でも自然に触れて静かなところで育ったBさんは、社会人としてスーパーで働いたりしたものの、若いうちに自然の中で自分がやった分だけ返って来る仕事をしたいと、農業を考え始めます。偶然にも、UIターンの就職フェアで農業法人の求人を探す中で、農楽舎の設立を知り、直感で現地説明会にも参加して、のどかでいいところだと感じて研修にやって来ました。農楽舎が立ち上がったばかりで、自分たちで作り上げていく面白さもあり、地元の末野集落の人たちもやさしくて人柄がよく、本当に来てよかったと感じ、独立したい気持ちになったといいます。

その中で、役場関係者に声をかけてもらい、近隣の集落での就農を勧められます。そこは、街道筋にある商業中心の地域で農業人口は少なく、末野集落とは違った住民気質にも戸惑います。その中でBさんなりに地域の中に溶け込みながら、まずは貯金を元手にハウスを建てて、先祖を大事にする信心深い土地柄から墓参向けの菊を育て始めます。しかし、風の強い地域で、竜巻被害にあったり、冬場のあられにやられたり、台風で水田が水没したりと苦労が絶えなかったそうです。

そのような試行錯誤を経て、現在の経営としては、水稲7ヘクタールに加え、ハウスでホウレンソウや葉ネギを、さらに湿田なのでコンテナ栽培で県の特産のブドウを導入し直売を試みたり、別の集落で後継者がいないナシ農家から園地を引き継いだりと、自らの経営スタイルを作り出す挑戦を続けています。

Bさんとしては、農楽舎では米や野菜を中心とした研修で、近隣農家も米がメインで多品目は手掛けていないので、親方農家で学ぶスタイルも合わず、住居や農地に加えて、技術を学ぶ先も自分で一から探さないといけないのが大変だったといいます。果樹の技術は、県の普及員に聞いたり、インスタグラムで他地域の農家とつながって学んでいるそうです。

このように、農楽舎立ち上げ直後の研修生は、まだ体制が整わない中で苦労しながらも就農定住を実現し、Aさん、Bさんともに独立就農の形で15年を超えて営農を続けています。その後に続く研修生も様々な形で就農定住に至っています。ここでは、和泉真理さんが事例集の中で取り上げている顔ぶれをのぞいてみましょう(2)。

(3) 梅農家を継業したCさん(埼玉県出身・33歳)

Cさんは、現在、梅を2・0ヘクタール生産し、青梅や白干し梅を生産・加工しています。一度社会人を経験しますが、仕事を辞め、たまたま読んでいた本から農業をすることを思い立ち、ネットでかみなか農楽舎のサイ

(注2) 和泉真理「町が設立した農地所有適格法人が新規就農者を受け入れて支援――福井県若狭町」全国農業会議所『新規就農支援事例集――平成29年度新規就農支援事例調査』から3名の事例を一部加筆して引用。なお本書では、筆者がインタビューした2名に、和泉さんが取り上げた3名を加えて、研修を卒業した順番に並べ替えています。

トを見て、楽しそうだなと思い、新・農業人フェアで説明を受けて、農楽舎でインターンシップに入ります。その後も、1年間農楽舎に滞在し、作業もきつく思わず、末野集落でのお祭り、稲刈り、太鼓、笛の練習にも参加します。

作目は当初稲作を考えたそうですが、初期投資が大きいことに躊躇し、先輩研修生が実家の梅農家を継いだことから、梅を作ることを思い立ち、梅での独立就農に向けて、先輩の親戚の梅農家のもとで1年間研修します。そこで今度は、集落の高齢の女性から40アールの梅の園地を管理して欲しいと頼まれ、そこで就農を決めます。その後も梅園が集まり、今では2ヘクタールに広がり、白干しはJAに出荷し、青梅は園地とともにお客さんも引き継ぎ個人販売で、また地元の新しい出荷組合にも加わりながら、将来は加工にも取り組もうとしています。Cさんは、誰にもとらわれずに我が道を進めるところがよく、過疎の村に住んでいるので、住んでいるだけで自分の存在価値がある、と感想を述べているそうです。

（4）農的暮らしをしたくて有機農業で就農したDさん（岐阜県出身・39歳）

Dさんは、2014年4月に就農し、現在は有機栽培で水稲7・8ヘクタールに加え、冬には麹と餅も販売しています。大学で東京に出てそのまま就職しますが、食べるものを自分で作り出す田舎の生活と都会での生活の間にギャップを感じ、自分で食べ物を育てる農的な暮らしがしたいと、不耕起栽培農家で著名な岩澤信夫さんの下で研修します。そこで不耕起栽培の普及会の会員に農楽舎出身者がいたことや、米づくりの研修ができるところが農楽舎しかなかったことから、インターンシップを経て、２年間の農楽舎の研修に入り、無農薬、不耕起栽培も体験したそうです。

故郷に戻って就農するか迷ったそうですが、若狭町の方が農地を集めやすく、先輩も集落に声をかけてくれたことから若狭町に就農定住しました。生産物はすべて直売で、口コミで販路を確保しています。Dさんは、農的暮らしがしたくて就農したので、生活の一部に農業がある今の暮らしに満足しているし、水田を守るために集落に入れてもらっているので、草刈りなども続けて守らなくてはいけないと感じています。

（５）農楽舎での雇用就農を選んだEさん（埼玉県出身・29歳）

最後に、Eさんは、２０１５年に農楽舎に入社し社員として主に米の栽培を担当しています。もともと食べ物に関心があったEさんは、学校で食料自給率を習って、ならば自分で作りたいと思い、東京農大で米を専攻し、学生の時に、類設計室の経営する農園でのインターンシップに行って、農楽舎のことを知ります。その後、今度は農楽舎に2週間のインターンシップに来て就農する場所を悩みますが、卒業生から「農楽舎は集落行事で人と関われ、インターンシップや農業体験など色々な人が行き交う場所。設立後10年経っていて、卒業生も多く将来の姿を想像しやすい」という話を聞いて、農楽舎での研修、就農を決めたそうです。

Eさんは、もともと独立志向はなく、人と一緒にいるのが好きな性格なので、社員として農楽舎に就農して楽しく、米も園芸もやりたいし、直売も増やしたいと積極的な姿勢を見せています。また、就農してよかったこととして「太陽が昇ると起き、沈むと寝るという暮らしができる。紐がきつく結べるようになった。刃物が研げるようになった。そういうものが身についた。食べ物を種から食べるところまで見られる。色々なことが体験できる。天気、季節に敏感になる」と表現しています。

3 オーダーメイドで就農定住に導く農楽舎の研修スタイル

このような卒業生5名の姿から、「就農定住」を掲げる農楽舎の研修スタイルの特徴を考えてみます。

まず、農業や農村に対して、多様な形で関心を抱いている若者たちに対する受け皿としての役割です。5名の動機には農業が含まれていましたが、その切り口は様々です。Aさんは環境教育や農業体験、Bさんは（最初は）農業法人での就農、Cさんは農業の楽しそうというイメージから、そして、Dさんは、食べ物を育てる農的な暮らしを志向し、Eさんからも自分で食べ物を作りたい、という声が上がっていました。確かに、就農といっても、何となく農業をやってみたい人や、作目までは決めていない人もいれば、逆に有機栽培のようにこだわりのある人もいます。このように農業につながる様々な可能性に対して、農楽舎は、「就農」とともに「定住」を掲げて、短期インターンシップと2年間の研修を組み合わせて、広い間口で受け止めています。

二つ目は、研修生が希望する就農スタイルに向けてオーダーメイドで対応が試みられている点です。多様な関心からやってきた若者たちは、農楽舎での研修を通して、また末野集落をはじめ地元の皆さんとの関わりから、作目や就農場所、住まいなど自らの就農スタイルを検討していきます。それは個々に異なるフリースタイルの就農であり、農楽舎の研修生ＯＢでもある事務局の八代恵里さんは、「１人１人のやりたいことに合わせての就農」を目指すと話します。その進め方として、研修生に面談しながら就農の形を具体化させ、集落の担い手農家に「親方」として付いてもらうことで、地域とのマッチングも図っていきます。人間関係の良し悪しもありと悩みはつきませんが、親方と卒業生で法人化を図り、そこに後輩の研修生が雇用で就農するケースや、Ｃさんのように地域の農家から経営をバトンタッチされ継業につながるケースが成果として出てきたことは注目されます。

そして三つ目は、農村における集落機能の大事さを体得する場が用意されている点です。取り上げたどの卒業生も、農地確保や水管理、草刈り作業などの集落の総出をはじめ、営農と暮らしの両面で集落のつながりの大事さを身をもって理解しています。実は、研修の現場である末野集落の水田も、土地改良区を通して電気ポンプで下の集落から水を汲み上げて確保できており、水管理にはとりわけ気を遣い、他の集落とも丁寧な付き合いを心掛けています。このような集落での研修経験が、町内の集落に就農定住する際にも活かされていると言えます。

こうして見てきたように、かみなか農楽舎の18年は、「農村集落への定住」を前面に掲げた就農研修のスタイルを貫くことで、結果として若者たちの田園回帰の動きをうまく受け止め、多様な就農志向にオーダーメイドで対応し、またそれが集落住民や農家にも受け入れられ、着実な実績を生んでいるのではないでしょうか。

そこには、地元の認定農業者と農楽舎スタッフ、そして研修生ＯＢのネットワークがベースとなって、まず研修生として「移住」し、親方のもとでＯＢからのサポートも得ながら「定住」を果たし、所得の確保と暮らしを形にしながら「永住」へと導いていく、言い換えれば、「就村から就農へ」のプロセスが大事にされています。

このような若狭町の取り組みには、多様化する若者の農村に向かう志を、就農支援事業と移住定住事業の双方から受け止められる地方自治体の強みが発揮されており、「自治体初の就農定住研修事業」と評される新たな新規就農アプローチが見出せます。

Ⅲ　有機農業と結びつく若者の田園回帰――名古屋市と岐阜県白川町の現場から

1　相乗効果をもたらす有機農業の波と若者の田園回帰の風

第Ⅱ章では、「就農定住」を掲げたかみなか農楽舎の現場を捉えてきましたが、その中にも見られた「有機農業」も、農村に向かう若者たちを受け止める入口のひとつとなっています。若者の田園回帰の動きが指摘されるようになった２０００年代後半という時期が、日本の有機農業における「第４の波」と重なり合う、と谷口吉光さんは指摘しています(1)。第１の波、第２の波が何かはここでは割愛しますが、「第３の波」は、２００６年に成立した有機農業推進法をきっかけに、有機農業に関する政策が打ち出され、多くの国民にとって、有機農業が特別な農業でなくなり、身近な、当たり前の農業になったといいます。有機農業は、「体によい」「自然・環境によい」「安全」「おいしい」という好意的なイメージで捉えられ、特に若い人は、「オーガニック」という言葉を好んで使うようになっています。

（注1）谷口吉光「有機農業の「第4の波」がやってきた」NPO法人有機農業参入促進協議会『有機農業をはじめよう！　農業経営力を養うために』２０１８年。

こうして、有機農業に関心を持ち、活用したいと考える人が大幅に増え、有機農業が誰でも自由にアクセスして利用できる公共財のようなものになった今日、「第4の波」が来ているということです。30歳代から40歳代が中心となって、オーガニックや自然農法などの言葉を自分たち独自の意味を込めて、自由に気軽に使っています。そして、「有機農業の共有財化」と「それを活用しようとする人々の増加」という2つの背景から、有機農業の産業化が進み、そこから、有機農業を活用した中小規模の加工や流通、地域おこしの取り組みが全国に広がり、さらに持続可能性、移住推進、社会正義や消費者倫理などの社会的なテーマを持った運動も生まれてくる、と谷口さんは言います。

このような有機農業の波と若者の農山村回帰の風が相乗効果をもたらしているとすれば、そこに「就農定住」はどのように現れるのでしょうか。そこで、本章では、田園回帰の風を受け止める有機農業の現場として、名古屋市の中心部・栄の繁華街で、毎週土曜日に行われる有機農業者の朝市「オアシス21オーガニックファーマーズ朝市村」に注目したいと思います。

2　名古屋の中心部に若手農家が集うオーガニックファーマーズ朝市村

名古屋の中心部にそびえ立つテレビ塔の近くに、オアシス21という公園やバスターミナルが併設されている複合施設があり、そこでは毎週土曜の朝8時半から、オーガニックファーマーズ朝市村が開かれています。朝市村の出店者は、有機農業で愛知県および接する5県に新規就農した若手農家に限定され、70戸のメンバー農家から、畑の都合に合わせて毎回25～35農家が出店します。朝市村の村長であり、3つのファーマーズマーケットを運営するオーガニックファーマーズ名古屋代表の吉野隆子さんが、朝市村には「100通りのオーガニック」が集まっている、と表現するように、それぞれの農法で生産された野菜や果樹、米、海産物や卵、肉類などを求めて、3時間で約1000人が来場し、売り上げも増加傾向にあります。

この朝市村は、吉野さんが有機宅配のスタッフになって以降、複数の有機農業団体の事務局を担う中で、有機農業での新規就農者の販路が不足していることを知り、販路開拓を助けたいと思うようになったことがきっかけで、2004年10月に、当初は農家10戸、来客数100人程度の小さなマルシェとしてスタートしました。そこから、消費者と農家との間に生まれた交流は広がりを見せ、2016年度には、日本農業賞の食の架け橋の部で大賞を受賞するまでに成長しました。

受賞のポイントとして、農家と消費者との交流の場や農業体験などへのマッチングの場になっていることに加えて、「新規就農を目指す人たちの支援の場」としても機能している点が挙げられています。毎回、朝市村の一角には、有機農業での就農相談コーナーが設けられ、吉野さんが対応して、研修先につないだり、朝市村で直接先輩農家の話を聞くことを勧めたりしています。

このような有機農業の就農相談コーナーができたきっかけは、やはり2006年の推進法成立にありました。法律が出来て、有機農業への参入支援事業が始まり吉野さんも初年度から関わりますが、当時は電話相談が中心で、定期的な対面相談の場はまだ整っていませんでした。折しも、リーマンショックが起き、2007～8年頃から有機での新規就農相談も増えてきますが、農業はすぐ作物が出来、収益も上がるものという思い込みや誤解も多かったといいます。そこで、朝市村では２００９年に相談コーナーを開設し、村長の吉野さんが相談者への対応にあたるようになりました。農業を全く体験したこともなく相談に来る人も多く、その場合は、まず朝市村のメンバーの農場で体験を勧めますが、その時点で辞めてしまう人も多く、数人に１人くらいが先に進んで、研修先を紹介して就農へと至るようです。

朝市村は愛知県の研修機関でもあり、朝市村を通した新規就農者は37名に上りますが、そのうち3分の１は中山間地域で就農しています。有機農業で就農した若手農家にとっての朝市村は、ここでお客さんと知り合って自分の野菜を届けるルートを確立できる立ち上げ期の販路開拓の場として、また、普段は各地に離れて生産する仲間同士が定期的に顔を合わせ、情報交換しながら切磋琢磨できる仲間づくりの場として大きな役割を果たしています。

3　有機農業による新規就農者が定着する岐阜県白川町

ここまで有機栽培でも新規就農者を定着に導けているのは、都市側に開いた相談窓口として朝市村が機能しているとともに、農村側でも彼らを受け入れる先輩農家やコーディネート組織が積極的な動きを作り出しているからです。

その中でも、有機農業による新規就農によって人口が増えている地域のひとつに、岐阜県白川町があります。「白川」と言えば、合掌造り集落で世界遺産に登録されている白川村が県の北部にありますが、それとは別の自治体です。白川町は岐阜県南部に位置する人口８２００人の農山村で、土壌と気候風土を活かした白川茶や東濃ひのきで活気を呈した産地も、次第に衰退傾向にありました。

そんな折に、１９９８年、当時の中堅・若手農家から、「このまま町内の農業も縮小してしまうと若者がもっと外に出てしまう。農業で自立できるよう、有機による米づくりで活性化を図れないか」と声が上がり、有志10名で任意団体ゆうきハートネット（以下、ハートネットと表記）を立ち上げます。技術を学びながら試行錯誤を続け、町内でも黒川地区と佐見地区を中心に有機農業が根付き、生産組合を作って名古屋の消費者グループに出荷したり、トラスト方式を導入して消費者との交流も深まっていきました。ゆうきハートネットのメンバーは、２００６年以降、少しずつ朝市村に出店するようになり、朝市村での就農相談コーナーと連携しながら、ハートネットが独立自営での就農と定住を支援する態勢を整えていきます。

このような動きは、先の有機農業の第３の波ともかみ合って、白川町は有機農業モデルタウンに指定され、ハートネットもＮＰＯ法人化します。２０１０年には地域有機農業施設整備事業で佐見地区に研修拠点施設「くわ山結びの家」が整備され、２０１８年には地方創生事業の交付を受けて、黒川地区に新たな研修・交流施設「黒川Ｍａｒｕｋｅ」ができ、ハートネットは町からこれらの施設の運営を委託されています。こうして研修受け入れに向けて積極的な動きを作っていったのです。

そこで、有機農業で白川町とつながり就農定住した若者たちの姿から、就農プロセスとともに仕事と定住した地域との向き合い方を見てみましょう。

4 有機農業で独立就農する若者たちの仕事と地域への目線

(1)「田と山」 椎名啓さん (36歳)

茨城県出身の椎名さんご夫婦は、山間部や里山に登山に出かけたり、全国をサイクリングしたりとアウトドア志向でした。妻の紘子さんは、自給自足の夢もあり、愛知に来て働きながら、八百屋さんのつてで、農家さんから畑を借りて野菜作りも始めます。その中で、東日本大震災が起き、地元・茨城にも被害が出て、今後の住む環境と暮らし方を考え直しました。

子育ては田舎でしたい。また、食うために働くのではなく、食べ物を作り家族で一緒に働けるよう、そして子育てする上でも農薬や化学肥料も使わない有機栽培での米づくりをしたいと考え始めます。

それから大阪や愛知で就農相談窓口を訪ねていきますが、自分のような、生き方を考え直して就農する人たちに合わない内容だったり、有機農業での就農に対応していなかったりと試行錯誤を続けます。そして朝市村に行き着き、吉野さんに相談したところ、「就農地は海に近い方がよいか、山の方がよいか」と問われ、「山の方」と答えたことから、白川町のハートネットにつないでもらうことになりました。初めて白川町に赴いた際には、「集落に上がっていく途中の渓谷や石積みの田んぼなどの景色が気に入った」といい、農地や家がすぐに見つかったことから、妻とともに移住します。移住後まもなく子どもも生まれました。

こうして椎名さんは2013年に就農し、水田1・4ヘクタールでの米づくりに加え、豆、野菜、椎茸も作って、林業で山仕事もし、集落営農のオペレーターとして地元の農地も支え、さらに狩猟にも携わります。販路としても、町の直売所に出し、個人での直販や朝市村での対面販売などを組み合わせて、田植え・稲刈り体験のイベントや棚田オーナー制といった交流事業にも積極的です。紘子さんは「里山ようちえん」の活動を始め、里山の季節の行事に地元や街の子どもたちを呼んで交流を図っています。

椎名さんは、「百姓仕事しなければ山間地に来た意味がないので、農業と林業と狩猟の3つの歯車をうまく回して、里山を守っていきたい。人と山の問題をつなげる交流活動に、地元の人にどう関わってもらうかが課題」と話します。また、小学校も合併の話が出ているそうで、「子どもたちのためにも、自分たちのようなファミリー層が増えて欲しい」と、地元に対する危機感を強く抱きながら自分の動き方も考えています。

(2)「千空（ちそら）農園」長谷川泰幸さん（43歳）

長谷川さんは、月に半分は国内外に出張するようなハードなサラリーマン生活を15年にわたって送っていましたが、体を壊してしまいます。また、子どもたちにはできるだけ安全な食をとらせたいという思いから、有機農家や食の重要性を説く先生に出会い、家族で生活に溶け込んだ農業をやりたいという思いを強くしていきます。

そこで、夫婦双方の実家がある愛知県に近いところ、また有機農業が盛んで研修しながら同じ場所で就農できるところ、そして田舎で水や空気がきれいなところを探し、国の委託を受けた有機農業参入促進事業のホームページで白川町の農家さんに接点ができます。そこでハートネットとつながることができ、1回来てまず研修先の農家さんを紹介してもらい、2回目ではタイミングよく農地や山、家を揃って購入する機会に恵まれます。

こうして、2014年から国の青年就農給付金（現在の農業次世代人材投資資金）を得ながら研修に入り就農へと踏み出します。2年間の研修を経て、施設園芸として有機でのイチゴ栽培5アールに挑戦し、栽培技術を県外の普及員さんから学びながら、生産には手間を要し収量も慣行の5分の1から6分の1に留まるものの、味が違うことを評価され3～4倍の値段で販売できています。

この他に、水稲110アール、露地野菜75アールに加え、奥さんがお弁当や焼き菓子などの加工も手掛けています。販路としては、ネットでの直販や朝市村での対面販売を中心に、都市部の自然食品の店舗なども開拓しています。

長谷川さんは有機農業に対して、就農前は「頭でっかちになっていた。知識で食べていた」のが、就農して「おいしいものを味わって食べてほしいので、もちろん農薬や化学肥料は使わないが、農法で説明するのはあまり好きではない」と話します。また定住してみて、移住者としては里山に手をかけて魅力ある景観を保ち関わる人を増やしていきたいと考えているものの、地元の人たちは遊休農地にソーラーパネルを設置しようという話が出るなど、里山に対する思いにはまだズレも大きく、長谷川さんとしては、時間をかけて地域自治に関わっていく必要性も感じています。

（3）「五段農園」高谷（たかや）裕一郎さん（41歳）

秋田出身の高谷さんは、高校時代から農業のことをやりたかったこともあり、種子会社に就職し、海外へ種子の生産現場を指導に行ったりしながら、横浜で10年あまり勤めます。しかし種子開発に携わり、耐病性といたちごっこの状況や、生産の大規模化やモノカルチャーへの不安、農薬や化学肥料への不信も募り、また都会暮らしも長くなって肌に合わなくなってきたことを感じます。

そして東日本大震災をきっかけに、たまたまロッククライミングで出かけた岐阜への移住を決意し、インターネットで見つけた白川町の有機農業者に問い合わせ、そこから朝市村の吉野さんを紹介されます。直接会って相談したところ、その場で朝市村に出店していた農家さんとも引き合わされ、すぐに白川町を訪れ、「白川町に行くしかない」と展開していきます。その後、空き家が出たとの連絡を受け、見に行って即決。結局、4～5か月のうちに家族で引っ越し、2015年から就農となりました。

高谷さんの経営は、自宅から車で5分くらい離れた場所に30アールの農地を確保し、米づくりに加え、口コミやSNSを通して知り合った人たちに季節の野菜を詰めた野菜ボックスを発送し、またレストランにも納品しています。それ以上に特徴的なのが、前職での経験を活かした培養土の販売と有機苗の生産です。自らの就農時に培養土に苦労したことから、近所で廃業した鶏舎を借り受け、ベースとなる堆肥作りからはじめて、化学肥料を含まない有機栽培向けの培養土を生産することを思いつきます。そこで、自己資金とクラウドファンディングを募って工事を施し、もみがらや米ぬか、おから、落ち葉も活用した培養土を作り始めると大きなニーズがあり、朝市村の出荷農家にも使ってもらっています。さらに、この土を使った育苗向きハウスを建てて、有機苗の生産も始め、値段は割高ながら道の駅などでの売れ行きも好調です。

高谷さんも地元集落の活動にも積極的に関わります。40世帯からなる奥新田集落の中でも、有機農業での移住者が若手であることから、先輩移住者とともに獅子舞を担っています。地元の消防団などにも若手はいますが、お祭りには来なかったり、その親たちも息子に活動に関わるよう声掛けをしていない様子が気になっていて、このままだと移住者ばかりが目立つので、もう少し地元の人たちと一緒にやりたいと感じています。

また、集落営農組織の法人化が進む中で、「オペレーターをやって欲しい」と声をかけられますが、春先は自分の作業も忙しく、引き受けられずにいます。それでも、集落の存続のためにも集落営農は大事な組織であり、集落営農が抱えている農地の広さは、もはや有機栽培でどうにかなるレベルではなく、担い手も高齢化しています。10年先の担い手を考えると、移住希望者にはオペレーターをはじめ多業で収入も得られることを伝えています。

高谷さんは、「自分たちが食べるものを自らの手に取り戻せている安堵感があり、最初は全て自分でやろうとしていましたが、頼ること、頼られるようになることが大事だと気付き、やりたいことがいっぱい出てきています」と話します。

5　意欲ある若者たちを呼び込んだ都市側と農村側の連携したコーディネート

このような就農定住を受け入れながら、ＮＰＯ法人ゆうきハートネットは、現在では40名を超えるまでになり、そのうち新規就農した30歳代が7割を占め、移住後に生まれた子ども14人を含めると50人が移住しています。この人数は白川町の人口の0・6％になりました。このような動きと連動して、白川町内における有機農業の位置は、販売農家の数、水稲の作付面積ともに５％を超えるまでになり、有機農業による就農定住は、農業、農地の担い手として大きな存在となっています。

そのような彼らは、社会人として会社に10年近く勤めながら、ハードワークの中で生き方を見直したり、子どものことや食べ物のこと、また東日本大震災のような社会環境の変化をきっかけに、有機農業に目を向けるようになりました。また、有機農業を選択したのも、自分たちが口にするものだから、できるだけ農薬や化学肥料は使わない方がよい、と暮らしの中から自然に出てきている印象を受けます。

そして彼らの就農スタイルの実現には、有機農業の就農相談コーナーを設置する朝市村とＮＰＯ法人ゆうきハートネットの連携したコーディネートが不可欠でした（**図１**）。都市側に開いた朝市村が、有機農業をきっかけに移住や就農を希望する若者たちの多様な動機をまずは受け止め、吉野さんが面談しながら、また朝市村に出店する先輩農家との交流や農業体験を勧めながら、適性を見極めて、研修先の農家につないでいます。

それを受け、白川町の場合は、ＮＰＯ法人ゆうきハートネットが２つの地区での受け入れを可能にしています。

図1　岐阜県白川町におけるなりわい就農に向けた定着プロセス

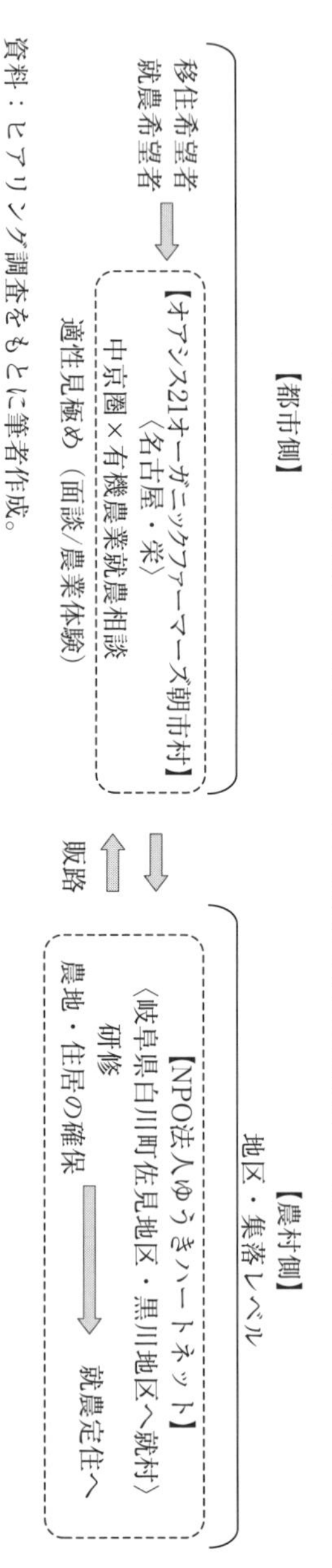

資料：ヒアリング調査をもとに筆者作成。

次世代に向けた地域づくりとして有機農業を志したハートネットだからこそ、農家間で技術を共有するとともに、住民からの信頼を得て空き家や農地を委ねられる存在として位置づいています。若者たちは、そこに就村して先輩農家のもとで研修する中で、そのタイミングで出てきた農地や住居、さらに地域で求められていることに合わせて、自分の経営スタイルと暮らしを形にし、就農定住を実現しています。

加えて、この連携のもとで、農村から都市に出向いて彼らの販路や収益源を確保できている点も見逃せません。本章の事例では、朝市村という都市側の消費者につながるマーケットインの場が若手就農者に向けて用意されている点は大きく、それを起点に自分の野菜にファンができ、現地に足を運んでもらい体験交流の事業にもつながっています。また、地域側にも、有機農業での生産だけでなく、里山資源と結びついた山仕事や椎茸栽培、狩猟などがあり、さらに、地域の仕事として集落営農のオペレーターなど人手も求められており、農山村に内在する多くの仕事を自分の暮らしと結びつけることで、稼ぎを生み出す工夫がなされています。このような農村内での仕事のつなぎ直し、さらに都市部とも農産物だけでなく交流でのつなぎ直しを通して、彼らの経営スタイルが実現できていると言えるでしょう。

6　地域とのつながりを大事にして、自分の農ある暮らしを創る「なりわい就農」

さらに、彼らは就農した地域に対しても、里山環境を保全し、農地を活用する担い手として、また子どもたちが通う小学校の存続、地歌舞伎や獅子舞といった伝統芸能の継承など暮らしや文化の担い手として自らの役割を意識し、住民と一緒になって活動に取り組もうと集落自治にも関心を寄せています。

このような若者たちの姿は、まさに冒頭で記した有機農業の「第4の波」をまさに体現しており、若者たちの農山村回帰と有機農業との親和性も認められます。こうして見ると、就農定住の動きは、本ブックレットのシリーズで取り上げてきた「なりわい継業」や「新しいよそ者」とも重なってきます。

筒井一伸さんらは、「なりわい」を構成する3つの要素として、生活の糧としての「仕事」、自己実現となる「ライフスタイル」、そして、地域からの学びと貢献となる「地域とのつながり」を挙げています(2)。また、田中輝

（注2）筒井一伸・尾原浩子『移住者による継業：農山村をつなぐバトンリレー』筑波書房、2018年。

美さんは、農山村に向かう若者たちに、自分自身の関心や自己実現だけでなく、地域の課題解決も併せて目指そうとする「新しいよそ者」の姿を見出しています[3]。加えて、都市側の消費者との間を行き来する「対流」の動きを生み出しながら、生産の場である農山村に根付く姿勢を見せるソーシャルイノベーターとしての要素も感じ取れます[4]。このような就農定住を目指す若者たちが、地域とのつながりを大事にして、自分の農ある暮らしを創り上げている姿は、筒井さんらが示した「なりわい継業」の農業版であり、まさに「なりわい就農」を実現していると言えるでしょう。

（注3）田中輝美『よそ者と創る新しい農山村』筑波書房、2017年。
（注4）小田切徳美・筒井一伸編『田園回帰の過去・現在・未来：移住者と創る新しい農山村』農山漁村文化協会、2016年。

Ⅳ　なりわい就農を活かす定着の仕組みづくり――島根県邑南町の現場から

1　多様な農業研修生を受け入れてきた中山間地域の経験

本書では、田園回帰時代の若者たちの姿に着目し、彼らの就農プロセスを捉えることで、「なりわい就農」の形があぶり出されてきました。彼らが就農定住により実現したい農業経営は、自らの暮らしと、縁のできた地域の双方がよくなるように、ひとりひとりが工夫を凝らした多様なものであり、この「なりわい」という言葉には、自己実現に加え、地域とのつながりも大事にする姿勢が込められています。このように「なりわい就農」が、産地や部会に入って同じ作物づくりを目指すものではなく、フリースタイルな新規就農であるとすれば、「就農」と「定住」の両面からステップを踏んで定着に至るオーダーメイド型での研修サポートが求められそうです。そこで、島根県邑南町の「おーなんアグサポ隊」からなりわい就農を活かす研修の形を考えてみたいと思います。

島根県の西部・石見地方に位置する人口1万人あまりの邑南町は、近年では、「A級グルメ」のまちづくりを通して人材育成と地域経済の循環を図ることで、U・Iターン者の増加を見せ、日本一の子育て村を目指しています。その中で2014年度から、邑南町への定住と就農に必要な研修を受けられる「おーなんアグサポ隊」（以下、アグサポ隊と表記）を立ち上げます。

アグサポ隊の導入にあたっては、合併前の旧石見町時代に、新規就農者の受け入れに取り組んだ経験が生かされています。町内でハーブを生産、販売する香木の森公園で、1993年度から女性を中心に研修生の受け入れをはじめ、今日では、二十数名が定住に至っています。さらに、2000年度からは、島根県全体への移住・定住を支援するふるさと島根定住財団（以下、定住財団と表記）がUIターンしまね産業体験事業として、最長1年間の滞在に関する経費助成を始めたことから、町ではそれを就農研修としても活用することで、2013年度までに30名を受け入れ、うち19名が定住し、13名が就職に至っています。

こうして定住財団や県とも連携して、移住希望者向けの都市部での相談会や現地見学ツアーを通して、就農希望者を入口で見定める仕組みができました。相談会で島根県のブースに立ち寄る人たちは、農業をやるかどうかまだ決めていない状況が大半で、ツアーがあると聞いて「まずは行ってみよう」と動き始め、実際に現地に足を運んで、実際の環境やそこで暮らす先輩移住者の話を聞いて、イメージを具体化させていくようです。逆に、地域の側も、多くの移住希望者に接して、受け入れたい人を判断できるようになったと言います。その後、先に挙げた産業体験事業での就農研修に入っていきますが、1年間では、農業の様々な技術の習得に加え、農地や住宅の確保には時間が足りず、また、冬の時期には積雪もあり、定住に向けては、農閑期の仕事を組み合わせていく必要もありました。このように、産業が限られる邑南町で定住するには、「農業による起業」をベースにするしかなく、1人1人の就農モデルを作るためにも、長期間の研修を通して、就農と定住を同時に支援していく体制が必要になってきました。

2　3年間で就農と定住のステップアップを目指す「おーなんアグサポ隊」

そこで、邑南町では、地域おこし協力隊を活用し、A級グルメの人材育成を目指した「耕すシェフ」の経験を活かして、新規就農では、「おーなんアグサポ隊」としての3年間の研修プログラムを組み立てます。まず1年目は、「栽培研修」として、町が用意した専用農場で、JAや県の普及員の指導も受けながら、野菜や花きの中でも市場に出荷できる振興作物を中心に、作付けを実習します。2年目は、「農家・農業法人（集落営農）研修」として、隊員の希望に沿って、期間を区切りながら町内の農家や集落営農などでの研修に入ります。中山間地域では集落ごとに営農スタイルや居住環境も異なり、また農地や住居も、地域住民との信頼関係ができて初めて貸借の話につながることから、隊員と受入地域とのマッチングを目指します。そして3年目は、「就農準備」として、研修を行いながら、就農計画の作成や就農場所の確保、また土づくりや機械導入など具体的な準備に入る、いわば模擬就農の期間となります。

この3年間の研修中は、アグサポ隊は町営住宅に入居し、町内の空き家に入ることはできません。仮に先に住まいを決めてしまうと、地元住民に喜んで受け入れてもらえていても、万一、就農に至らなかったときや他集落で就農したいときに、住民からのやっかみや非難の声を受けて関係が悪化してしまうかもしれません。そのような事態が起きないよう、地域への入り方も気にかけています。

このような研修生の様々な心配事にも対応できるよう就農支援アドバイザーを中心にサポート体制が組まれて

います。現在、アドバイザーを務めている松崎寿昌さんはＪＡの営農指導ＯＢです。ＪＡ職員の時代から研修生と接点を持ち、現在はアドバイザーとして、隊員と研修地域、役場との間に入ってコーディネートしています。作物の育て方をはじめ農業には人ぞれぞれのやり方があるので、様々な技術や方法を聞いた研修生がどうすればよいか分からなくなり、対応が遅れて作物が病気にかかってしまうこともあるそうです。そうならないように、アドバイザーが定期的な営農指導の中で、様子を聞いて、軌道修正できるようアドバイスしたり、体調のことを気遣うなど生活面でのケアも含めて、農業に頑張って踏みとどまろうとする研修生への支えを心がけているそうです。こうして研修生に対しては、アドバイザーだけでなく、ＪＡの営農指導の職員、県の普及員も定期的に関わりを持ち、また、役場からも年4回のヒアリングを行うなど、厚みのあるサポートが行われています。

3年間のアグサポ隊を終えた修了者はこれまで12名を数えます。そのうち、独立就農、もしくは島根県も政策面で支援する半農半Xでの就農に至るのは半数程度ですが、就農せずとも邑南町に留まり定住につながっている人もいます。このようなアグサポ隊の仕組みを、担当する役場農林振興課の金山功さんは、「農業技術を学び、邑南町のまちや人に触れ、まずやってみる3年間。そして、農業をあきらめる3年間」と言います。そこには、1年、1年の研修の区切りを迎えるごとに、農業技術を学び、稼ぎにつなげられるか、また集落の一員として暮らせるか、研修生の覚悟を問いながら、地域ぐるみで若手新規就農者を育て上げようとする気概が感じ取れます。

また、仮に半農半Xでの就農でも、半Xが通年や終日での兼業になってしまうと、作業の適期を逃して、品質にも影響を及ぼしてしまいます。そのため、金山さんは、町内の酒蔵での杜氏として働く「半農半蔵人」や、除雪車のオペレーター、スキー場や漬物の加工場など、農閑期に人手を求めている地元の会社で働きながら資金を準備して専業への移行を勧めています。そして、「中山間地域での自治体では、新規の農業者はこのような仕組みでないと探せない」と、定住寄りの就農支援の必要性を提起しています。

3　集落に溶け込みなりわい就農を実現した鵜瀬頼秀さん（45歳）

ここで、アグサポ隊として3年間の研修を経て邑南町の集落に根付いたなりわい就農者を紹介しましょう。大阪出身の鵜瀬さんは、大阪の農業高校で畜産を学び、就職した会社が石垣島で農業生産法人を立ち上げたことから、牛の繁殖、人工授精の仕事で3年半くらい現場に赴きます。その後、ＢＳＥの発生もあって農場が閉じられ、大阪に戻って別の会社に転職しますが、体力があるうちにいずれ農業をやりたいと考えていました。

同じく関西出身の奥さんも、里山の雰囲気、またパワースポットの多い島根県が好きだったこともあり、就農できる研修場所を探す中で、就農フェアでアグサポ隊のことを知ります。

アグサポ隊は、研修プログラムが明確で、家族で移住して技術を学んだ3年後のビジョンも見えることから、鵜瀬さんは２０１４年からアグサポ隊となりました。併せて、奥さんも定住財団のＵＩターン産業体験を活用して就農準備に入ります。

鵜瀬さんは、ちょうどアグサポ隊の1期生にあたり、農家の人たちからいろいろと教えてもらい、建物などもＤＩＹで一から作っていきます。そのような経験から、百姓はいろんなことができる存在であることを実感します。1年目は実践圃場で、個人での独立を見据えて、作物ごとに担当を決め、出荷は全員で取り組みました。結果として、夏の台風や冬の大雪で市場出荷には至らず、何とか地元の産直市で売り切りました。そのような厳しい状況下でも、JAには最後の出荷まで面倒を見てもらったことから、市場出荷を見据えた生産の大事さを痛感します。そして研修2年目は、アドバイザーに研修先のマッチングをお願いし、町内の野菜を軸とした農業法人や集落営農など3か所の現場に赴きました。

こうして鵜瀬さんは、研修で縁のできた町内の須摩谷集落で、1.2ヘクタールの農地を確保し、ナスや白ネギ、キュウリなど施設園芸と露地を組み合わせて、2017年から夫婦で就農しました。前の会社で管理職にいた鵜瀬さんは、雇用も積極的に取り入れ、パート代を支払ってでも収益が上がる経営を目指します。そうして農場には、集落のお母さんたちに来てもらって、ナスの育苗や収穫、出荷調整などにぎやかに一緒に作業しています。また、研修した須摩谷集落は集落営農で水田放牧を続けていて、鵜瀬さんの人工授精師の技術や経験が見込まれて、必要な時に牛の管理に声がかかるようになりました。

鵜瀬さんは、アグサポ隊の研修プログラムに乗せてもらって、就農後も集落の内外からサポートしてもらい、ここで暮らしていける実感を得ています。そして、これからは市場出荷だけでなく、地産地消を大事にして、学校給食や病院、老人ホームといった町内で需要のあるところに、ニンジンやじゃがいも、キャベツ、玉ねぎといった日常で使う野菜を出荷し、地域内外で求められる多品目の野菜をバランスよく出していきたいと考えています。

4　アグサポ隊を迎え入れる集落側の下地づくり

このような鵜瀬さんの話からも、就農先となった須摩谷集落で、農地や住居がうまく用意されただけでなく、集落営農の担い手として期待されたり、お母さんたちがパートで一緒に働いてくれるなど、鵜瀬さんを受け入れる構えができている点は注目すべきところです。

須摩谷集落は、29世帯、92人が住む、高齢化率が42・4％の中山間地域の集落です。集落では、中山間地域等直接支払制度を活用して、農地管理や獣害対策を目的に、２００２年から和牛の周年放牧を導入します。さらに、交付金の共同取組分をベースに、他の日本型直接支払制度なども併せて対応できる組織として、２００５年に農事組合法人須摩谷農場を設立し、営農活動を展開していきます。

しかし10年を経て法人の実質的な担い手が４人に限られ、法人が集落内を分断する存在となってしまい、さらにリーダーの死去により法人そのものも存続の危機に直面しました。その中で、２０１５年度から集落ビジョンづくりに取り組み、集落を核にしてさまざまな制度を活用し、「集落の中に法人がある」開かれた法人経営へと道筋をつけ、住みたい集落を目指して、新規就農者も受け入れていこうと再スタートをきったところでした(1)。

（注1）「長年引っ張ってくれたリーダーが突然他界　みんなで集落ビジョンをつくって危機を打開：島根県邑南町・農事組合法人須摩谷農場」『現代農業』２０１５年8月号、３３３〜３３９頁。

5　なりわい就農に向けた定着プロセスの要点

このように島根県邑南町におけるなりわい就農に向けた定着プロセスは、**図2**のように整理できそうです。前章の**図1**で示した岐阜県白川町のケースと並べると、なりわい就農を活かす仕組みづくりのポイントがしっかり見えてきます。それは、①なりわい就農を志す希望者を農村につなぐ窓口、②住民からの信頼や協力を得て、技術、空き家や農地を就農者につなぐコーディネーターの存在、そして③なりわい就農者が持続できる販路と収益源の確保、の3点に整理できそうです。

①の部分は、島根県での移住定住や新規就農において、部局横断的な「重層的支援」が機能している点が挙げられます。事例の中でも登場したUIターンしまね産業体験事業をはじめ、ふるさと島根定住財団が島根県への移住定住に向けて、広く都市側に開いた窓口を担い、他方で、新規就農に関しては、県の農業経営課が就農相談ツアーや半農半X支援をはじめとするプログラムや事業を用意しながら、県内の自治体につないでいく流れが確立しています。

次に②としては、邑南町役場がおーなんアグサポ隊という研修プログラムを通して、研修生と地域をつなぐコーディネーターの役割を担っている点です。定住寄りの就農支援がとりわけ必要とされる中山間地域では、自治体の役割が大きいことが改めて確認できます。アグサポ隊の場合は、地域おこし協力隊制度の3年という任期を、就農プロセスの3年にうまくアレンジすることで、なりわい就農に必要なステップを積み上げる工夫を施してい

図２　島根県邑南町におけるなりわい就農に向けた定着プロセス

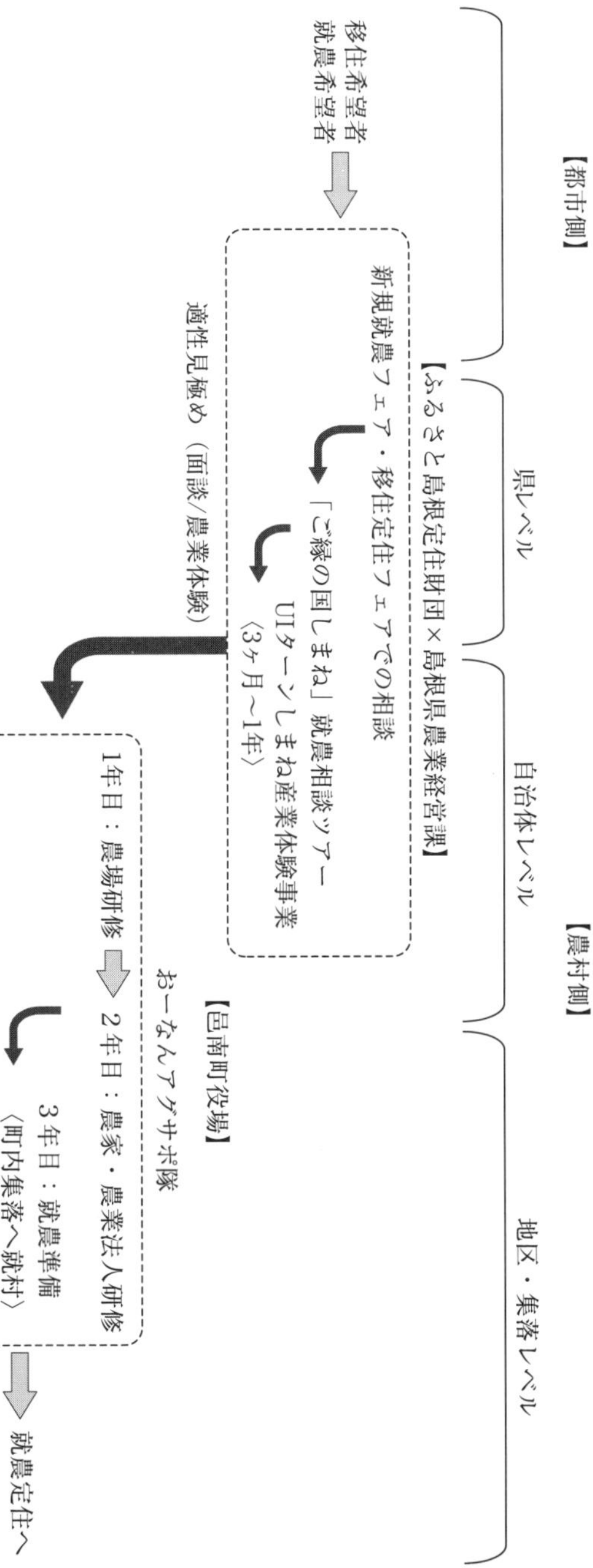

【都市側】

【農村側】

県レベル

自治体レベル

地区・集落レベル

【ふるさと島根定住財団×島根県農業経営課】

移住希望者
就農希望者

新規就農フェア・移住定住フェアでの相談

「ご縁の国しまね」就農相談ツアー

UIターンしまね産業体験事業
〈3ヶ月～1年〉

適性見極め（面談/農業体験）

【邑南町役場】

おーなんアグサポ隊

1年目：農場研修

２年目：農家・農業法人研修

３年目：就農準備
〈町内集落へ就村〉
農地・住居の確保

就農定住へ

資料：ヒアリング調査をもとに筆者作成。

ます。そうすることで、研修生を受け入れる農家や集落の人たちも、最初は「研修生はよう受け切らない」とみんな避けていましたが、研修の2年目で関わりを持つ中で、「あんたはここにおらにゃあ」と言うように変わってきたといいます。

このようななりわい就農者と集落とがうまく出会うには、彼らを受け入れる集落側の準備も欠かせません。事例では須摩谷集落の背景を紹介しましたが、そこには役場をはじめとする各組織が連携したサポートもあって、住民間で将来ビジョンが共有され、外部から担い手を迎え入れる地域づくりの蓄積がありました。

そして③としては、アグサポ隊の場合でも、農業で稼げる技術と販路を、町役場に加え、就農支援アドバイザー、県の普及員やJAも連携してサポートする体制が取られています。半農半X事業を展開する島根県も、事業を活用した就農者へのアンケート調査から、「移住後の幸福感は増しているものの、所得水準や、農業と半Xのバランスについての満足度はまだ低い」という結果を得ており、定住後の生計の立て方を課題に挙げています。中山間地域である邑南町としても、単一作物での産地形成は難しい中で、少量多品目での生産をJAも間に入って市場出荷や直売所の活用などにうまく結びつける方策を模索しています。

邑南町が出しているアグサポ隊のパンフレットには、次のようなフレーズがあります。

「自営就農を始める場合、皆さんが事業主となるため、栽培技術だけでなく経営ノウハウが求められます。また、一人で営農することには限界があり、雇用等地域住民との協力関係が必要となります。まずは研修を通して、栽培技術、経営ノウハウと学ぶとともに、地域との交流を通して地域とのマッチングを行い、就農へのステップを踏み出しましょう。」

筆者が傍線を加えた部分は、第Ⅱ章で取り上げたかみなか農楽舎における研修生の受け入れ姿勢とまさに重なり合うものです。なりわい就農を定着に導く仕組みづくりは、農楽舎が切り拓いた「就農定住」から、有機農業での就農、邑南町のアグサポ隊へと、現場での実践経験を重ねて今もなお改良が加えられています。

V　まとめ――なりわい就農者とともに次世代につなぐ地域づくりを

1　3つの要素を積み上げるなりわい就農のバトンリレー

本書では、2000年代に入り広がりを見せる若者たちの農山村回帰の中に、「なりわい就農」の志向する人たちが現れている実態を、3つの現場から捉えてきました。**表1**は、なりわい就農を取り巻く時代背景や本書で取り扱った事例の展開を年表の形でまとめたものです。特に、各時代の事業について、「就農」と「定住」の両面から整理してみると、「就農定住」を掲げたかみなか農楽舎、有機農業での新規就農者が集う場となったオーガニックファーマーズ朝市村とゆうきハートネットとの連携、そして、中山間地域における定住寄りの就農研修スタイルを形にしたおーなんアグサポ隊と、期せずして、この3者が同じ流れの上にあり、なりわい就農を形にし、仕組みづくりを重ねてきた20年と位置づけられそうです。

「なりわい就農」は、筒井さんらが議論を蓄積している「なりわい継業」に就農の要素が加わったものと捉えてよいでしょう。筆者は、筒井さんらの著書『移住者による継業』に収められている「私の読み方」の中で、「なりわい継業」の3つの要素を「なりわい＝仕事＋地域とのつながり＋ライフスタイル」と組み直せば、それは拙稿の「農山村における3つのサポート活動＝生活支援活動＋コミュニティ支援活動＋価値創造活動」と相似する

表1　なりわい就農を取り巻く時代背景や事業展開

年代	都会から地方への動きと時代背景	事業目的（就農）	事業目的	事業目的（移住・定住）
1980年代		1987年：新規就農相談センター設置		
1990年代	（ポストバブル期）： バブル崩壊・カントリーライフ志向 経済的豊かさから精神的豊かさへ、環境問題からの移住（アメニティ・ムーバー）	1997年：新農業人フェア開始 1998年：『定年帰農』発刊中高年の第二の人生	1993 年：香木の森研修生受入開始（旧石見町） 1998 年：ゆうきハートネット設立（白川町）	1992年：ふるさと島根定住財団設立 1994年：緑のふるさと協力隊開始
2000年代前半	自然志向とロハスブーム 中越地震と復興ボランティア 団塊世代の大量退職問題（2007 年問題）への対応・高齢者雇用安定法改正で 5 年先送りに	2002年：『青年帰農』発刊	2000 年：定住財団・UI ターンしまね産業体験事業開始 2001 年：かみなか 農楽舎設立〈「就農定住」掲げる〉 2004 年：オーガニックファーマーズ朝市村開設	2002年：ふるさと回帰支援センター開設 2005年：『若者はなぜ農山村に向かうのか』発刊
2000年代後半	若者の農山村回帰 フロンティアとしての農山村へのまなざし 2008 年：リーマンショック		2005 年：農事組合法人須摩谷農場設立（邑南町） 2009 年：朝市村に有機農業就農相談コーナー開設	2009年：地域おこし協力隊制度開始
2011～13	東日本大震災を契機とした「疎開的移住」者 ライフスタイルを変えたい人びとの増加 定年延長後の大量退職	2012年：青年就農給付金制度開始 2017年：農業次世代人材投資事業へ	2010 年：島根県半農半 X 支援事業開始 2014 年：おーなんアグサポ隊受入開始 ↓ "なりわい就農"の顕在化と仕組みづくりの20年	

資料：「都会から地方への動きと時代背景」は、嵩和雄『イナカをツクル』コモンズ、2018 年をもとに筆者が整理したもの。「事業目的」は、筆者作成。

3段を積み上げた三角形を描けることを指摘していました（1）。

図3になりわい就農のバトンリレーのプロセスを模式的にまとめてみました。本書で取り上げたように、現場でなりわい就農を実現させる若者たちには、上の世代から農業の技術やノウハウを習得する中で、多品目を生産でき、また多岐にわたり里山資源を活用できる可能性を学び取り（下段）、地域の共同作業に関わり、慣習を理解して、周囲に暮らす人たちと信頼関係を構築しながら、自らの暮らしの環境を整え（中段）、そこに就農者自

図3　なりわい就農のバトンリレーのプロセス

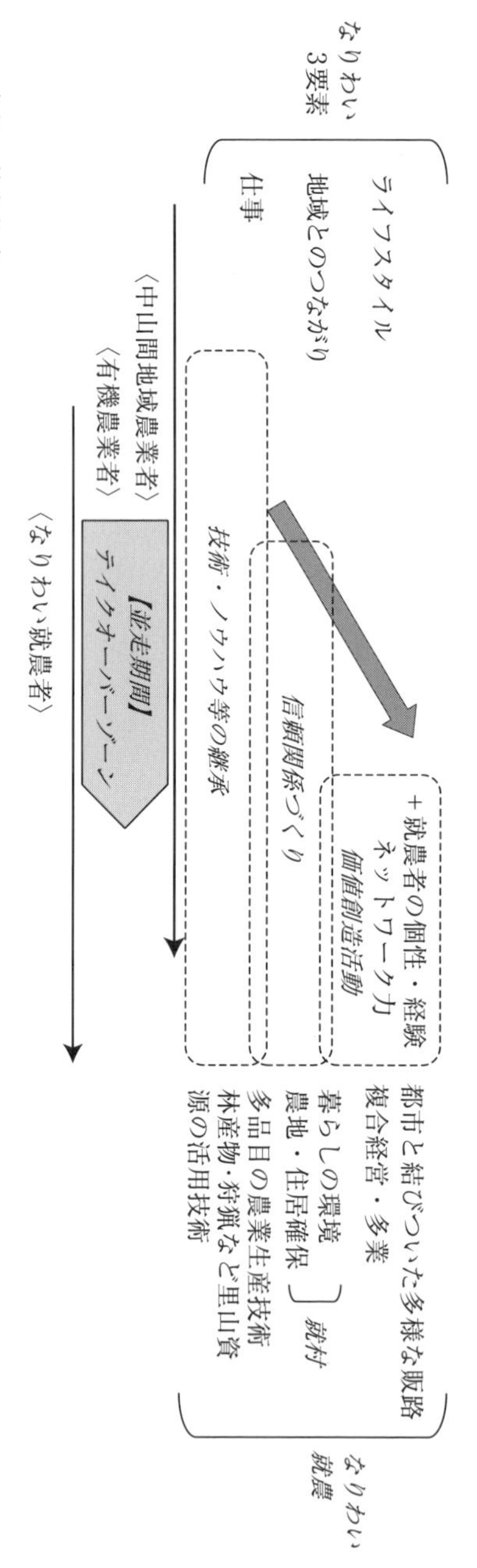

資料：筆者作成

身の個性や経験を活かして、農業や農村の資源に新たな価値を加えて、都市との結びつきを活かした販路も開拓していく（上段）プロセスが読み取れます。こうして、自らも地域と積極的に関わりながら、自分オリジナルの農業経営を創り上げようとしています。

つまり、なりわい就農は、就農を軸とする自分の仕事と定住環境を充実させる暮らしの両面から農村をつなぐバトンリレーであり、テイクオーバーゾーンにあたる「並走期間」をできるだけ長く確保する工夫が求められます。邑南町のアグサポ隊は、地域おこし協力隊制度を活用し、この3段のステップアップを、まさに3年間のなりわい就農の研修プロセスに組み込んでいます。地理学者の宮口侗廸氏は、地域づくりを「時代にふさわしい新しい価値を地域から内発的につくり出し、地域に上乗せしていく作業」と表現していますが、まさになりわい就農のバトンリレーを体現したフレーズとも言えます(2)。

それとともに、定住を持続できるだけの経営力が求められるのも確かです。多業や半農半Xについても、農業以外の半Xの部分が、例えばコンビニでのアルバイトのように、あまりにも農ある暮らしとかけ離れてしまうと、肝心な適期での農作業にも影響が出て逆効果になってしまいます。その点からも、地域の暮らしや農に馴染んだ

（注1）図司直也「私の読み方：「農山村には仕事がない」という思い込みからの脱却を」筒井一伸・尾原浩子『移住者による継業：農山村をつなぐバトンリレー』筑波書房、2018年。また、拙稿は、図司直也『地域サポート人材による農山村再生』筑波書房、2014年を指す。

（注2）宮口侗廸『地域を活かす――過疎から多自然居住へ』大明堂、1998年。

仕事を組み合わせた多業が望ましいでしょう。また、朝市村が有機農業の若手生産者を受け入れ、邑南町でもJAがアグサポ隊の定着に向けて市場流通を見据えたサポート役を担っているように、なりわい就農でも販路開拓がカギであり、マーケットインの発想がひときわ求められるところがあります。中山間地域農業はその生産ロットは小さいですが、都市部の消費者から着実な共感が得られれば、直販や交流事業を通してお互いが支え合う関係づくりができ、なりわい就農者の大きな強みとなる可能性があります。

今日、国の新規就農施策も、強い農業づくりを掲げ、安定した経営の確立を優先する傾向にある中で、本書で取り上げた若者たちは、自らの「なりわい就農」志向をなかなか受け止めてもらえず、結果として、中山間地域での就農や有機農業、半農半Xを探し当てていました。この先、新規就農者の数を増やそうとすれば、就農と定住の両面を意識する若者たちのなりわい就農も射程に入れて、そこから中核となる担い手を育成する道筋をつけていく発想も必要になるでしょう。

2　地域を開いて、なりわい就農の風を呼び込もう

農山村に広がる里山の環境は、人の手によってこれまで持続してきた二次的自然であり、そこに農林業に携わる担い手の存在は不可欠です。しかし、今日では家として農地や山林といった里山資源を継承することが難しくなる中で、若者たちの農山村回帰の中に、まさに「土の人」として大地に根差す農林業の担い手が登場してきたことは、大いに勇気づけられるところです。とりわけ人口減少や高齢化が著しい中山間地域において、大きな期

待が寄せられるでしょう。そうだとすれば、農山村に吹き込み始めた若者たちの田園回帰の風に対し、地域の側はどのように帆を上げて受け止めればよいのでしょうか。

第Ⅱ章のかみなか農楽舎は、いち早くこの風を受け止めて18年を歩んできましたが、今日、転換期を迎えつつあります。新規就農施策の広がりを受けて、他地域でも就農研修が可能となり、農楽舎には研修生が集まりにくくなっています。加えて、農楽舎の足元で展開する地域農業や集落の様子も大きく変化しました。若狭町の平場の稲作地帯では、集落営農や大規模法人の設立が相次ぎ、そこに雇用就農する研修生も増えてきました。一方で、新規に独立就農を目指す若者が集められる条件の良い農地は限られ、条件の厳しい中山間地域の農地活用がますます求められています。

農楽舎と共に歩んできた末野集落でも、集落運営や営農の担い手が高齢化し、今や集落の半分の農地を農楽舎が担うようになり、次第に、「農楽舎にやってもらっている」雰囲気が出てきているといいます。担い手も、これまで兼業農家として頑張ってきた団塊世代から、研修生と同世代にあたる息子世代にバトンが委ねられる時期を迎えつつありますが、息子世代の動き方は不透明な状況です。そこで末野集落でも、農楽舎との間で今後の農地管理に向けて話し合いが始まりました。これはまさに、邑南町の須摩谷集落が集落営農を通して将来のビジョンを共有し直したプロセスと似たような様相を見せています。

今回取り上げたなりわい就農者だけでなく、地元の息子世代もまた、世代の若さゆえに、子どもの教育や両親の介護など家族のライフステージがこの先変われば、農のある暮らしや経営スタイルにも変化を強いられる場面も出てきます。そのためにも農村側の住民には、その場所に根付こうと奮闘する次世代の担い手たちを見守り、彼らが活躍できる環境を整えていく受容力が求められます。その役割を集落営農や地域運営組織が担うこともあり得るでしょう。

こうして開かれた地域に、若者たちは共感し、集い、そこでバトンを受け継ぎ、未来を切り拓こうとしています。なりわい就農者が生み出す小さな変化もまた、農山村再生の大事な原動力となっていくのです。

〈私の読み方〉「なりわい」としての農業を取り戻す

筒井一伸

1　「ポスト生産主義」的農村像と「生産主義」的農業

農村とは何か。一般の辞書には「住民の大部分が農業を生業としている村落」との定義がある。ところがリアルな農村社会の変化に目を向けると農業生産以外の地域の価値が注目され、２０００年前後から地理学や社会学などの農村研究では「農村＝農業生産の場」という「生産主義」的な捉え方から、農業以外の地域的特徴を強調する「ポスト生産主義」という捉え方へ変化してきた。昨今の田園回帰の潮流でも移住希望者が望む就労形態のなかで農業が2割程度にとどまるなど、本書の5頁から7頁の指摘はこの傾向を如実にあらわしている。

この傾向の中で、移住者の「ポスト生産主義」的なまなざしと、農業分野が「生産主義」的に期待をする「新規就農者」としての移住者像との乖離が大きくなっているのである。とはいっても、農村での生活を農的な活動と切り離して考えることが難しいのも事実である。産業としての農業が前提の販売農家だけではなく、それには含まれない家庭菜園や趣味としての農的な活動も含めて一般に「農業」と呼称する形態はさまざまである。すなわち、農村における地域との「かかわりしろ」としての農業のアドバンテージが確認される。

本書は、現代農業の大きな課題である担い手問題への対応としての新規就農というテーマをステレオタイプに捉えるのではなく、農村への移住者が増加しているにもかかわらず、新規就農者は横ばいであるという現実から移住の動機を「就農よりも就村（移住）先行」と読み取った上で、新しい新規就農へのアプローチとして「なりわい就農」をチャレンジングに提示する。

2　新規就農への3つのアプローチ

本ブックレットはＪＣＡ（旧ＪＣ総研）に設置された都市・農村共生社会創造研究会（詳細は後述）の成果として出されており、本書の内容も研究会メンバーで議論をしてきた。その議論の中で整理された移住しての新規就農へのアプローチを示したのが下の図である。Ａのアプローチは新規参入型を示し、「農業を始める」ことを移住の動機として営農技術の向上をすすめ

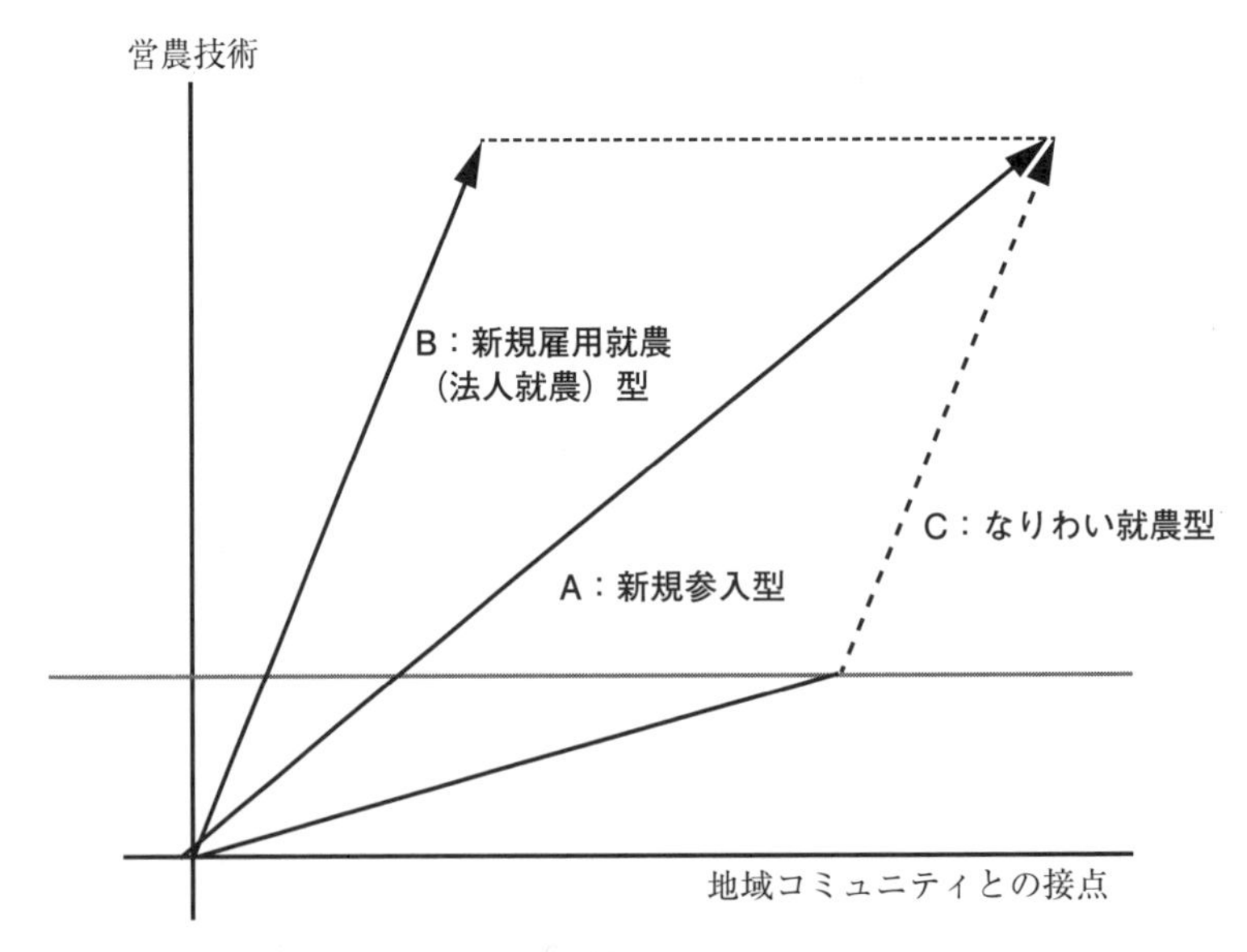

図　移住新規就農へのアプローチ

ていく一方、自己管理をする農地を持つことから地域コミュニティとの接点も得ていき、地域で生活をする基盤も形成していくプロセスが想定されている。これに対してBのアプローチは新規雇用就農型であり、移住して就農したものの雇用された法人内で必要とされる営農技術の獲得がほとんどであり、法人内での活動が中心となるため地域コミュニティとの接点は必ずしも多くはない。このAとBのアプローチに加えて、実家などの農業を継ぐ新規自営農業就農がこれまで行われてきた新規就農へのアプローチである。

これに対して本書が提示をした「なりわい就農」と呼ぶアプローチがCである。筆者（筒井）はこれまで移住者のなりわいづくりにおいて地域コミュニティの役割をたびたび指摘してきた。端的にいうと移住者と地域コミュニティとの接点の多さは結果としてなりわいづくりへプラスに働くことが多いという指摘である。Cのアプローチはその考えをベースに、移住者の「ポスト生産主義」的な農村への関心を地域コミュニティとの接点に結び付けつつ新規就農に誘導し、最終的には自立可能な営農技術の獲得も目指すプロセスである。つまり田園回帰の潮流に農業の担い手を見出す取り組みであり、これまでのAやBの新規就農アプローチの守備範囲から漏れ落ちていた、すそ野の広い新規就農アプローチを確立するためのチャレンジでもある。その可能性を本書では、農業だけではなく農村の担い手となるべく定住を目標と掲げる福井県若狭町の「かみなか農楽舎」や島根県邑南町の「おーなんアグサポ隊」などの取り組み実態から明快に示している。

3　求められるオーダーメイドでの「なりわい就農」支援

本書のなりわい就農の議論は、筆者が本ブックレットシリーズで世に出した2冊の内容と密接にかかわっている。地域資源の活用や地域コミュニティとのつながりを重視するなりわいの定義は『移住者の地域起業による農山村再生』の監修者である小田切徳美氏が整理したものであり、またなりわいを「継業」していく際のポイントの一つとして多業（半農半X）の必要性を『移住者による継業』では指摘した。これらの内容を踏まえて改めてなりわい就農の意義を考えると、「農業 or 他のなりわい」の二者択一ではなく「農業&他のなりわい」の可能性を示したものと言えよう。そしてなりわい就農で想定される農業は専業ではなく兼業、大規模ではなく小規模農業ということになるのかもしれない。

昨今、大規模な農業が政府により主導されている。しかし2018年12月の国連総会では6年以上の議論の結果、「小農と農村で働く人びとの権利に関する国連宣言（小農の権利宣言）」が決議され、農村社会を維持、発展させていくための重要性が示されるなど、小規模な農業の意義は見直されつつある。なりわい就農者（移住者）へ周囲の高齢農家が農地を託すという本書の事例もある通り、小規模であっても農村社会の維持という観点からその意義は大きい。

しかしなりわい就農の支援の形は発展途上である。アントレプレナーシップに富んだ新規就農者を想定する新規参入型（図のAのアプローチ）や大規模農業における「労働力」としての新規雇用就農型（Bのアプローチ）

は「パッケージ」化された現在の新規就農支援の対応が前提である。これに対してなりわい就農（Cのアプローチ）は新規就農者ごと、そして地域ごとに〝かたち〟が異なるためオーダーメイドで対応する必要がある。それは一見すると遠回りに見えるかもしれないが、農村に関心を持つ都市住民の価値観が多様化する中で「パッケージ」に移住者を合わせることの難しさは、移住者支援のパッケージが確立し得ないことからも実証済みである。

ある県の移住相談員の方から、「就農を望む移住希望者に持ちたい農地面積を聞くと〝30坪〟という答えが返ってきた」という話を聞いた。このエピソードを聞いて失笑し、相手にもしない農業関係者もいるであろう。しかしこのような移住希望者の認識の〝ズレ〟に丁寧に対応し、それぞれの地域ならではの新規就農へのアプローチとそのサポートを創っていくことが求められており、そのスタートラインを示した本書の意義は大きい。

■「都市・農村共生社会創造研究会」について

（一社）日本協同組合連携機構（ＪＣＡ）では、「農山村の新しい形研究会」（２０１３～２０１５年度・座長・小田切徳美（明治大学教授））を引き継ぐ形で、「都市と農村が共生できる社会の創造」をテーマに、ソーシャルイノベーション、継業・起業、農福連携、田園回帰など、多方面からのアプローチによる調査研究を行う「都市・農村共生社会創造研究会」（２０１６～２０１８年度）を立ち上げた。メンバーは小田切徳美（座長（代表）／明治大学教授）、図司直也（副代表／法政大学教授）、筒井一伸（副代表／鳥取大学教授）、中塚雅也（神戸大学准教授）、山浦陽一（大分大学准教授）、小林元（広島大学助教）、平井太郎（弘前大学大学院准教授）、田中輝美（フリージャーナリスト）、尾原浩子（日本農業新聞記者）。研究成果は、ＪＣＡ研究ブックレットの出版、シンポジウム等の開催により幅広い層に情報発信を行っている。

【著者略歴】

図司 直也［ずし なおや］

〔略歴〕

法政大学現代福祉学部教授。1975年、愛媛県生まれ。
東京大学大学院農学生命科学研究科博士課程単位取得退学。博士（農学）

〔主要著書〕

『内発的農村発展論』農林統計出版（2018年）共著、『田園回帰の過去・現在・未来』農山漁村文化協会（2016年）共著、『人口減少時代の地域づくり読本』公職研（2015年）共著、『地域サポート人材による農山村再生』筑波書房（2014年）単著

【監修者略歴】

筒井 一伸［つつい　かずのぶ］

〔略歴〕

鳥取大学地域学部地域創造コース教授。1974年、佐賀県生まれ・東京都育ち。専門は農村地理学・地域経済論。大阪市立大学大学院文学研究科地理学専攻博士後期課程修了。博士（文学）。

〔主要著書〕

『移住者による継業』筑波書房（2018年）共著、『雪かきで地域が育つ』コモンズ（2018年）共編著、『インターローカル』筑波書房（2017年）共編著、『田園回帰の過去・現在・未来』農文協（2016年）共編著など。

JCA研究ブックレットNo.26
（旧・JC総研ブックレット）

就村からなりわい就農へ

田園回帰時代の新規就農アプローチ

2019年4月25日　第1版第1刷発行

著　者◆図司 直也
監修者◆筒井 一伸
発行人◆鶴見 治彦
発行所◆筑波書房
東京都新宿区神楽坂2-19 銀鈴会館 〒162-0825
☎03-3267-8599
郵便振替 00150-3-39715
http://www.tsukuba-shobo.co.jp

定価は表紙に表示してあります。
印刷・製本＝平河工業社
ISBN978-4-8119-0553-2　C0036